Julien Thoulet

Les Grands sondages océaniques

Science

 Le code de la propriété intellectuelle du 1er juillet 1992 interdit en effet expressément la photocopie à usage collectif sans autorisation des ayants droit. Or, cette pratique s'est généralisée dans les établissements d'enseignement supérieur, provoquant une baisse brutale des achats de livres et de revues, au point que la possibilité même pour les auteurs de créer des œuvres nouvelles et de les faire éditer correctement est aujourd'hui menacée. En application de la loi du 11 mars 1957, il est interdit de reproduire intégralement ou partiellement le présent ouvrage, sur quelque support que ce soit, sans autorisation de l'Éditeur ou du Centre Français d'Exploitation du Droit de Copie , 20, rue Grands Augustins, 75006 Paris.

ISBN : 978-1986501996

10 9 8 7 6 5 4 3 2 1

Julien Thoulet

Les Grands sondages océaniques

Science

Table de Matières

Introduction	7
Section I	9
Section II	16

Introduction

Il y a deux ans, nous avons montré ici même comment la plupart des nations maritimes, frappées des énormes avantages que la science et l'industrie étaient en mesure de retirer de la connaissance plus parfaite de la mer et des lois qui la régissent, s'étaient, depuis environ un demi-siècle, livrées avec ardeur à cette étude. D'Angleterre, d'Allemagne, des États-Unis, d'Autriche, de Norvège, de Suède, de Russie, de Hollande, de Belgique, de Portugal et même de Turquie sont partis, pour explorer les mers, voisines ou lointaines, des navires montés par des marins, qui d'ailleurs perfectionnent leur éducation professionnelle dans ces expéditions, et par de savants spécialistes, océanographes, physiciens, chimistes ou naturalistes. Les résultats rapportés sont attendus avec impatience ; il est rare qu'ils ne modifient pas, peu ou beaucoup, des idées déjà admises dans la science ou qu'ils ne conduisent pas à des applications pratiques immédiates. Parmi les plus récentes découvertes, on citerait la constatation si importante pour la géologie et la géographie générale, faite par Nansen à bord du *Fram*, de l'existence d'une mer profonde dans les régions polaires boréales. Tous ceux qui ont à s'occuper de la pratique de la mer, les navigateurs, les ingénieurs chargés de travaux le long des côtes, ceux qui posent des câbles télégraphiques sous-marins et enfin les pêcheurs, sont particulièrement intéressés au succès de ces campagnes. Les marines militaires allemande, norvégienne, suédoise et anglaise se sont mises d'accord pour exécuter simultanément, à intervalles réguliers, en y consacrant plusieurs navires, dans les détroits qui séparent la Baltique de la mer du Nord, ainsi que dans cette dernière mer, des observations poursuivies pendant plusieurs années, relatives aux courants superficiels et profonds, et destinées à établir les lois des migrations des harengs dont la pêche joue un rôle si considérable dans l'industrie de ces nations. De leur côté, les Allemands étudient avec soin la distribution du plankton, cette matière vivante qui flotte dans la mer indépendamment de sa volonté et dont, par conséquent, la quantité dépend des courants, de la température des eaux, de leur salure et de diverses autres circonstances physiques. Cette question est intimement liée à ce qu'on appellerait volontiers le dosage administratif de la population de pêcheurs en état de gagner sa vie sur un espace maritime déterminé, par la capture du poisson dont la quantité est proportionnelle à la masse du plankton répandu sur cet espace et lui servant de nourriture. A notre époque où, par suite d'une consommation sans cesse croissante de charbon et de fer, les gisements s'épuisent avec une effrayante rapidité, n'est-on pas en droit de prévoir à bref délai une grave révolution dans les conditions de l'industrie aujourd'hui si fière d'elle-même ? Après un amoindrissement considérable de la marine à voiles remplacée par la marine à vapeur, on commence à constater, aux Etats-Unis, par exemple, un relèvement progressif de la première. Ayant perfectionné son matériel, guidée par les progrès récents de l'océanographie, avec ses équipages réduits, ne consommant pas de charbon, profitant pour son fret de l'énorme espace réservé à celui-ci à bord, elle réussit à compenser le désavantage d'une vitesse moindre et à lutter contre la marine à vapeur. Déjà Franklin et ensuite Maury, par leur étude systématique des courants et des vents, étaient parvenus à diminuer de beaucoup la durée des traversées et à modifier l'économie générale du commerce maritime. Qui sait si l'étude des courants sous-marins, encore si mal connus, mais qu'on sait être très différents en intensité et en direction des courants superficiels, ne conduira pas à créer des navires à double voilure, l'une aérienne pour les courants aériens qui sont les vents, l'autre immergée et destinée à profiter des courants sous-marins, de manière que les deux modes de propulsion, utilisés isolément ou ensemble selon les circonstances, se prêtent un mutuel concours et amènent plus vite le bâtiment au terme de son voyage. On a vu des navires de fort tonnage qui, après avoir mouillé des dragues à courants faisant fonctions de voiles sous-marines, étaient remorqués en sens inverse d'un courant de surface, même violent.

Section I

Quelles que soient les lois que l'on veuille découvrir ou vérifier, leur recherche s'appuie sur la connaissance de la conformation du lit océanique. Pour les sciences naturelles, historiques ou économiques qui ont pour objet l'étude des phénomènes ou des événements qui se sont accomplis, s'accomplissent et par conséquent s'accompliront sur un certain espace continental, il importe avant toutes choses d'avoir l'aspect, le portrait de cet espace. De même, si l'on se propose l'examen des phénomènes de la mer, il est indispensable de posséder une image du fond de l'océan, de connaître son relief, le caractère de ses diverses régions, disposées ici en plaines étendues, ailleurs en collines ou en montagnes abruptes. Cette connaissance est du domaine de la topographie sous-marine. Le botaniste, le zoologiste, l'historien, l'administrateur emploieront des cartes topographiques terrestres, l'océanographe, le marin ou l'ingénieur des cartes topographiques marines représentant la forme et les accidents du sol immergé.

Il a fallu longtemps pour acquérir une notion de cette forme. On n'a guère commencé à faire œuvre vraiment sérieuse dans cette voie que depuis un demi-siècle. On ne saurait s'en étonner quand on considère les difficultés du levé d'une carte sous-marine. Que de temps avant que les cartes terrestres soient devenues dignes de foi, et pourtant elles sont incomparablement plus aisées à dresser. Au moins, sur terre, on y voit. Quelques points isolés étant fixés par des coordonnées qui permettent de les rapporter sur le papier à une échelle quelconque, la simple vue suffit pour obtenir la notion du terrain qui les unit et, par conséquent, pour pouvoir le représenter d'une manière approximative au début, et que l'avenir perfectionnera de plus en plus. Au moins les plaines et les montagnes seront indiquées. Jadis, on dessinait sur les cartes des files d'accents circonflexes qui, tout grossiers qu'ils étaient, indiquaient un terrain montueux, et cela suffisait dans une foule de cas. Pour les cartes terrestres, la configuration générale du pays s'obtient immédiatement.

Le problème devient plus difficile à résoudre avec les cartes topographiques sous-marines. Pour elle, en admettant que la perfection s'obtienne du premier coup, elle ne s'applique qu'à un espace infiniment petit, le point unique qu'a frappé le plomb de sonde sur le sol. Les eaux recouvrent et cachent partout le fond, l'œil est maintenant inutile. L'hydrographe est un aveugle, il n'agit qu'avec la sonde, c'est-à-dire au toucher. Point à point, péniblement, lentement, la carte se complète, car entre deux sondages, si rapprochés qu'ils soient, on n'est jamais assuré de rien. Dans des parages sillonnés depuis des siècles par les navires, à quelques milles des côtes, parfois même dans les ports, on découvre des roches dangereuses passées inaperçues en dépit de sondages, d'études dix fois reprises, par un personnel d'ingénieurs habiles, munis des instruments les plus précis, des ressources complètes de la science moderne.

Connaître la profondeur en un point d'une nappe d'eau, est une opération en apparence des plus simples. On prend une ficelle, on y attache un corps pesant, morceau de plomb ou pierre, on jette à l'eau et on file la ficelle jusqu'au moment où elle cesse d'être entraînée. Alors on remonte et l'on mesure la longueur filée, égale à la profondeur cherchée.

Quand il s'agit de lacs peu profonds, ou du bord de la mer immédiatement contigu au rivage, il en est ainsi à quelques petites difficultés près : la corde mouillée, par exemple, se rétrécit, et l'évaluation de la profondeur risque d'être ainsi faussée ; mais il n'est pas besoin de beaucoup d'ingéniosité pour les surmonter.

Cependant, à mesure que la profondeur augmente, l'opération devient moins commode. Tout d'abord, pour des profondeurs de plusieurs centaines de mètres, la descente de la corde, et surtout sa remontée exigent un temps considérable. Inconvénient plus grave, on sent de moins en moins le choc contre le fond, et l'on finit même par ne plus le percevoir. Si la profondeur augmente encore et dépasse un millier de mètres, non seulement on ne perçoit plus aucun choc, mais on peut, du bâtiment, dévider autant de corde que l'on veut, elle ne cessera pas de se dérouler sur le treuil qui la supporte. Rien ne sert de rajouter des bouts les uns aux autres, ils continuent à descendre infiniment, comme si la mer n'avait pas de fond.

C'était là, du reste, l'opinion des anciens. Les savants, les poètes de l'antiquité et du moyen âge, étaient tous d'accord, et d'ailleurs le fait prêtait à la poésie, ce qui n'était point un désavantage. Des abîmes insondables, — et l'on avait de bonnes raisons pour y croire, puisque la descente de la corde s'était effectuée sans interruption, — méritaient d'être supposés peuplés de monstres bizarres ou effroyables comme les grands serpents de mer, ou bien gracieux comme les troupeaux du vieux Nérée, Neptune, Amphitrite, les Tritons, les Syrènes, et plus tard les Mermaids, les nymphes Scandinaves de l'Océan. C'était affaire de couleur, de limpidité de ciel ou de brume, d'eaux calmes ou agitées par la tempête, et, plus encore, du genre particulier d'imagination des divers peuples, portés à la rêverie aimable ou terrible, Phéniciens, Grecs, Arabes ou Scandinaves. Il a fallu trois mille ans à l'humanité pour comprendre pourquoi une ficelle portant un poids continuait indéfiniment à descendre, à travers une couche d'eau épaisse quoique néanmoins finie, et recouvrant un sol résistant. Que l'on se reporte non pas aux vieux portulans, ni même aux ouvrages scientifiques plus modernes, comme celui du Père Kircher, mais aux cartes de nos marins et de nos hydrographes de la première moitié du siècle, combien ne rencontrera-t-on pas de côtes de sondages surmontées d'un trait horizontal et d'un point, ce qui en langage hydrographique signifie que le fond n'a pas été trouvé après avoir filé une longueur de ligne représentée par le nombre inscrit au-dessous du trait. Il y a cinquante ans à peine, la frégate américaine *Congress* ne parvenait pas à atteindre le fond avec 15 240 mètres de corde.

Les anciens ne se préoccupèrent pas outre mesure de la question. Ils traitaient philosophiquement l'étude de la nature, et jamais philosophe ne fut embarrassé pour fournir une excellente explication à quoi que ce soit. La connaissance des petits fonds voisins des côtes suffisait aux besoins de la navigation. On employait comme aujourd'hui des plombs de sonde. Hérodote cite cette méthode de navigation comme habituelle aux approches de l'Egypte, et il raconte même que le plomb rapportait un échantillon du fond. Plutarque et Pline le Naturaliste, d'après Fabianus, donnaient à la mer une profondeur maximum de 10 ou 15 stades, c'est-à-dire 2 760 mètres environ, tout en admettant l'existence de gouffres sans fond dont ils indiquaient la place, dans le Pont-Euxin par exemple. Un siècle avant l'ère chrétienne, Posidonius tentait le premier d'exécuter avec précision des sondages profonds ; il trouvait le fond par 1 000 brasses, au voisinage de la Sardaigne, et ses procédés, quoique demeurés inconnus, ne devaient pas sensiblement différer des sondes actuelles, et consistaient certainement en un poids lourd suspendu à une corde.

Il faut attendre Magellan, en 1521, pour retrouver des tentatives analogues. Pendant son grand voyage de circumnavigation, au cours duquel il devait périr d'une mort si misérable, il essaya vainement de toucher le fond entre deux îles coralliennes de la mer du Sud, celles de Saint-Paul et de los Tiburones.

Un peu plus tard, en 1543, le cardinal Nicolaus Cusanus eut une idée originale, reprise depuis par un architecte italien, Alberti, par un géomètre allemand nommé Puehler, vers 1650, et enfin par l'Anglais Hooke, en 1726, qui a décrit son instrument sous le nom de *Explorator profunditalis, distantiæ abyssi*. L'idée était la suivante.

Dès le début, on avait soupçonné, à juste raison, que dans un sondage profond, la difficulté provenait du poids attaché à la ligne de sonde. Il est probable qu'on y fut amené pratiquement par les fréquentes ruptures de la ligne pendant la descente, et surtout pendant la remontée, si l'on avait pris un poids très lourd, puis par la fatigue et le long temps nécessaires pour ramener le plomb. Si le poids destiné à aller au fond était indispensable, en était-il de même de la ligne qui le soutenait ? On essaya de la supprimer.

Supposons un poids très lourd, une sphère de fonte, un boulet de canon muni d'un crochet auquel est accrochée une seconde boule légère, en bois. Le système étant jeté à la mer, si l'ensemble de ses deux parties est suffisamment pesant, il va descendre jusqu'au fond. Admettons que le mode d'accrochage soit tel qu'en touchant le sol résistant, la boule légère se détache automatiquement, elle abandonnera le boulet désormais perdu et, traversant l'eau, elle parcourra en sens inverse la route suivie à la descente, et reviendra apparaître à la surface. Il suffira de noter exactement le moment de la mise à l'eau et celui de l'apparition de la boule de bois pour que, renseigné par quelques expériences préliminaires en profondeurs connues, on déduise du temps total écoulé celui de la remontée, c'est-à-dire l'espace compris entre le fond et la surface ou, en d'autres termes, la profondeur cherchée de la mer en cet endroit.

Malheureusement quand on passait à l'expérience, on n'obtenait aucun résultat. Combien d'excellentes idées en sont là !

Tout d'abord, l'instant de l'apparition de la boule légère est presque impossible à observer. Celle-ci ne remonte jamais exactement au-dessus du point même où elle a été immergée, parce qu'elle est toujours entraînée par les courants. Du haut du navire on la distingue mal au milieu des vagues, parmi les jeux de la lumière, les teintes diverses de l'eau et l'éclairage inégal de la surface, d'autant plus qu'il faut non seulement la découvrir, mais saisir le moment précis de son apparition. En outre, si la vitesse de descente du système est sensiblement uniforme, la vitesse de remontée s'accélère au contraire en approchant de la surface, et d'autant plus que la profondeur est plus grande. En dernier lieu, fait que l'on ne soupçonnait même pas à cette époque, ce flotteur en bois ou en liège devait le plus souvent ne pas revenir. Actuellement, quand on exécute des chalutages profonds, les lièges disposés sur le bord supérieur du filet et destinés à maintenir ouverte la poche où pénètrent les animaux, reviennent tellement comprimés par l'énorme pression qu'ils ont supportée, que si on les rejette à l'eau, ils s'y enfoncent verticalement et disparaissent aussi vite que des pierres, dont ils ont presque acquis la densité.

L'invention fut donc abandonnée et, en attendant un nouveau perfectionnement, la mer profonde continua à rester insondable.

On avait cessé de croire aux gouffres sans fond, et pourtant on ne possédait aucune preuve pratique qui permît de ne plus croire à leur existence.

Les spéculations théoriques ne chômaient pourtant pas. Quelquefois elles étaient vraies. Ainsi, en 1678, le P. Kircher pensait que, par raison de symétrie, les mers devaient être aussi profondes que les montagnes sont hautes et, de ce que ces dernières se trouvent surtout au milieu des continents, il en concluait que les abîmes les plus profonds devaient se trouver au milieu des bassins océaniques. Telle fut, en 1725, l'opinion de Marsigli, qui estima la profondeur de la Méditerranée entre la France et l'Algérie à 1 400 toises ou 2 730 mètres, et, par un heureux hasard, cette évaluation est à peu près conforme à la réalité.

Vers 1672, Varenius remarquait l'inclinaison de la ligne dans l'eau et indiquait la correction à faire pour obtenir la profondeur exacte.

Pendant le XVIIIe siècle, la question demeura à l'étude. L'ingénieur hollandais Cruquius imagina de tracer des courbes d'égale profondeur pour donner une notion plus vraie du relief du fond, et en 1737, le géographe français Buache appliqua la méthode à une carte de la Manche, dont il dessina les isobathes équidistantes de 10 toises. Puis les navigateurs anglais Forster, Cook, Ellis, Mulgrave et d'autres encore parmi lesquels Scoresby, en 1817, à force d'habileté pratique, parvinrent à mesurer avec exactitude des profondeurs atteignant 1 630 mètres et même 2 100 mètres. Mais ces profondeurs sont encore relativement faibles, puisqu'on en a trouvé, dans ces derniers temps, de 9 427 mètres.

Comment s'expliquer qu'une ligne de sonde descende indéfiniment à travers l'eau sans parvenir à toucher le fond qui existe réellement au-dessous d'elle ? On le sait depuis peu, et pour facile et claire que semble aujourd'hui l'explication, la découverte en a néanmoins exigé bien des travaux et des peines.

Lorsqu'on envoie à la mer une ligne de sonde en chanvre munie de son plomb, ce dernier l'entraîne verticalement. D'autre part l'eau environnante exerce contre la surface rugueuse de la corde un frottement tendant à la retenir et finalement à l'arrêter. Il agit avec d'autant plus de force que la surface de ligne immergée est plus grande, c'est-à-dire que la profondeur s'accroît. La traction du plomb est constante, la résistance inverse éprouvée par la corde augmente toujours. A un certain moment, les deux forces antagonistes deviennent égales, et alors le plomb, en quelque sorte retenu par une main invisible, cesse de descendre. Il demeure immobile entre deux eaux, et du bord on pourra filer autant de ligne qu'on le voudra. Puisque rien n'entraîne plus celle-ci, elle se pelotonne indéfiniment sur elle-même et le fond n'est jamais atteint.

S'il en est ainsi, ne pourrait-on pas éviter l'inconvénient en choisissant un poids plus pesant ?

Si le plomb est très lourd, il cassera la ligne et si, pour le supporter, on adopte une corde plus résistante, c'est-à-dire plus grosse, sa surface deviendra plus considérable, le frottement exercé par l'eau qui est fonction de cette surface augmentera dans la même proportion, et tout se retrouvera dans les conditions primitives ; il y aura arrêt et immobilisation du plomb.

Dans un roman connu, on lit une description de navires naufragés flottant eux aussi entre deux eaux et de l'horrible spectacle qui frappe les yeux d'un passager à bord d'un bâtiment sous-marin, évoluant librement autour de ces épaves, montant, descendant grâce aux miracles de la science et de l'imagination de l'auteur. Il n'en est pas ainsi, et nos sous-marins, si jamais on les perfectionne assez pour les rendre comparables au *Nautilus*, n'auront point à craindre des rencontres aussi macabres et, par surcroît, aussi dangereuses.

Quand un bâtiment sombre en pleine mer, s'il est suffisamment lourd, il fait, comme le disent énergiquement les marins, son trou dans l'eau. Son poids que rien, qu'aucun soutien comparable à la ligne de sonde, ne vient équilibrer, l'entraîne verticalement. Il descend, et, quelle que soit la profondeur de la mer, en peu d'instants, quelques minutes à peine, il vient se reposer sur le fond où il demeure à jamais englouti. Que d'épaves, épaves de gloire ou d'infortune, doivent ainsi joncher les océans, s'ajoutant les unes aux autres, depuis que les hommes naviguent, dans le grand silence, la grande immobilité et la grande obscurité du fond des mers, sur la vase fine qui les recouvre et les ensevelit doucement pendant la lenteur des siècles !

Si le bâtiment est en bois et chargé de matériaux susceptibles de flotter, lorsque la tempête l'a désemparé, quand les vagues ont défoncé ses flancs, y ont pratiqué des brèches par où pénètrent des torrents d'eau, balayant les hommes et les forçant à se réfugier dans les embarcations, comme à cause de ses ferrures, de la sortie de l'air qu'il contenait à son intérieur, sa densité est très peu moindre que celle de l'eau, la coque et son chargement s'enfoncent presque au niveau de la mer que dépassent seuls les tronçons des mâts brisés. Ou bien encore, il se retourne, la quille en l'air. Abandonné par son équipage, dérivant sous la poussée des courants, il décrit des sinuosités, des boucles successives et devient une épave dangereuse pour les navires qui, la nuit, risquent de la heurter et de s'y briser. Il reste ainsi jusqu'au moment parfois lointain où, démoli pièce à pièce par les flots, ses diverses portions disjointes, séparées, émiettées, tombent enfin sur le fond, si elles sont lourdes, ou sont dispersées sur la surface entière de l'océan, jouets des vents et des vagues.

Section II

La théorie indique deux améliorations indispensables à la méthode ordinaire de sondages à grande profondeur : diminuer le frottement de la ligne et augmenter le poids du plomb. On s'efforça de résoudre ce double problème. Il y en avait en réalité encore deux autres : augmenter la force de résistance de la ligne et, puisqu'il n'est pas possible d'augmenter indéfiniment le poids du plomb, trouver un moyen de rendre sensible le contact avec le fond.

Un inventeur de génie aborda ces, questions et les résolut à peu près complètement. Malheureusement cet inventeur était Français, et parmi nous, les choses de la mer ne parviennent pas à conquérir la sympathie du public. Ses mémoires scientifiques passèrent inaperçus. Après qu'il eut péri d'un accident de cheval à trente-six ans, les étrangers, peut-être ignorant ses travaux, peut-être ne les ignorant pas, redécouvrirent ses découvertes, et, se mettant à plusieurs pour refaire ce qu'il avait fait seul, ils en tirèrent gloire et profit. Je veux parler d'Aimé, professeur au lycée d'Alger, mort en 1846. Aimé opéra de la façon suivante.

Il prit une ligne en soie tressée plus résistante et d'un frottement moindre contre l'eau. Pour atteindre les grandes profondeurs, il combina une série de lignes, d'abord assez fines mais se raboutant en portions de plus en plus grosses. Et encore, dans les parages examinés par lui, la profondeur qu'il appelait grande était à peine de 2 000 mètres. Aimé augmenta les améliorations en inventant un dispositif qui, au moment où le poids arrivait au fond, permettait par l'envoi d'un messager représenté par un anneau de plomb enfilé sur la corde, de détacher le poids. La ligne allégée était alors remontée sans difficulté puisqu'elle ne supportait plus que le système de déclenchement fort léger et d'ailleurs muni d'une petite cavité destinée à se remplir d'un échantillon du fond. Mais, pour faire agir le messager et détacher le plomb, il était indispensable d'être averti de l'instant où le plomb touchait le fond. A cette fin, Aimé imagina l'instrument qu'on désigna du nom assez impropre d'accumulateur. Le sien était fort simple ; il se composait de deux poulies attachées à une vergue sur lesquelles passait une corde soutenant à l'une de ses extrémités un contrepoids et à l'autre une troisième poulie sur laquelle courait la ligne de sonde. Le contrepoids équilibrait la ligne et son plomb. Aussitôt que celui-ci reposait sur le sol, la diminution de tension s'accusait par une descente brusque du contrepoids. On relevait alors légèrement, on envoyait le messager, le plomb se détachait et la ligne était relevée avec rapidité, sans difficulté ni fatigue, bien que la profondeur fût déterminée avec précision.

Les études d'Aimé ne se bornèrent point là ; il les appliqua à la plupart des autres branches de l'océanographie, la physique et la chimie de la mer, les vagues, les marées, les courants et même certaines recherches de zoologie, quoique ses goûts fussent peu tournés vers cette dernière spécialité. Comme il n'avait pas de protecteurs, qu'il ne se souciait que de science et qu'il était prodigieusement insoucieux de popularité et de réclame, après sa mort, personne ne s'occupa de lui ni de ses découvertes.

Vers 1850 et pendant les années suivantes, les officiers de la marine des États-Unis firent de nombreuses expériences relatives aux sondages profonds. On essaya des lignes très fines, en soie. Pour être averti du contact avec le fond, on pensa à noter la vitesse de descente, qui est au début régulièrement décroissante, puisque le frottement augmente à mesure que la corde se déroule et devient ensuite uniforme, parce que, le fond étant atteint, la longueur totale de la corde, demeurant verticale, n'augmente plus. Aussitôt et pour éviter de la remonter, ce qui eût certainement provoqué sa rupture à cause de sa finesse et, en tout cas, eût exigé un temps considérable, on la coupait et on calculait la hauteur en mesurant le bout encore enroulé sur la bobine. On évitait l'inconvénient de la dérive et de l'inclinaison en sondant en embarcation et en maintenant la verticalité à l'aide des avirons. On se borna à ces améliorations de détail jusqu'à la découverte de Brooke, perfectionnement capital à partir duquel l'étude du lit océanique progressa avec rapidité.

L'aspirant de marine Brooke était l'élève de Maury, parvenu alors à une renommée universelle à la suite de la publication de ses ouvrages sur les vents et courants et sur la géographie de la mer. En I8oi, il imagina, sans cesser d'employer une ligne, de la faire s'alléger brusquement et surtout automatiquement par le choc même contre le fond. En cela, il y avait progrès sur le procédé d'Aimé, qui n'était pas automatique. Le plomb était une simple tige de fer munie à sa partie inférieure de quelques tuyaux de plumes d'oie destinés à se remplir de vase et à garantir par la présence même de cet échantillon que le fond avait bien été atteint. On remontait la tige suspendue à la ligne ; son faible volume et son peu de poids rendaient la manœuvre aisée. Pour la descente, on enfilait sur cette tige un boulet de fonte percé de part en part et soutenu par une cordelette fixée sur un déclic. La tension de la ligne maintenait celui-ci relevé tant que le poids pesait sur lui, mais dès que le fond était touché, la ligne mollissait, le déclic s'abaissant laissait s'échapper la cordelette, le boulet glissait le long de la tige et roulait sur le fond où il demeurait perdu.

Pour obtenir une sécurité plus complète, on ajouta un accumulateur montrant d'une façon très apparente la détente subite à l'arrivée sur le fond. Ces instruments sont toujours en usage, et leurs formes ont varié à l'infini. Tantôt, ils se composent de deux disques en bois reliés par de fortes bandes de caoutchouc susceptibles de se tendre sous l'effort de la ligne et de se détendre brusquement au moment du contact. D'autres fois, ils offrent l'aspect d'une pile de rondelles de caoutchouc superposées, se comprimant et se décomprimant. Tantôt enfin, ils sont constitués par un ressort à boudin de résistance convenable. Ces divers procédés n'ont rien d'original, leur principe est identique et on les modifie à volonté selon les conditions du navire ou celles des opérations.

A dater de ce moment, les États-Unis n'ont cessé d'exécuter des sondages dans toutes les mers du globe. En 1851, 1852 et 1853, le *Dolphin* sonde dans l'Atlantique ; l'*Arctic* (1856), entre Terre-Neuve et l'Irlande ; le *Gettysburg* (1876), autour de Saint-Thomas, des Bermudes, des Açores et en Méditerranée. Viennent ensuite les campagnes de l'*Essex*, du *Saratoga*, de l'*Argus*, du *Flamingo*, du *Wachusett*, du *Blake*, de l'*Enterprise*, du *Tuscarora*, pour n'en mentionner que quelques-uns. Actuellement, l'œuvre immense du relevé topographique général de l'Océan se continue en Amérique par les beaux travaux du Bureau hydrographique de Washington.

Les appareils de sondage sont innombrables ; on ne cesse d'en inventer, et il serait impossible de les décrire. Chez tous, le système de Brooke a été respecté. Cependant pour chacun d'eux on a adopté diverses modifications destinées à le rendre plus pratique et surtout à permettre d'obtenir un échantillon plus volumineux du fond, car un sondage n'est valable que s'il rapporte la preuve indiscutable de la rencontre du sol, sans compter les besoins de la lithologie sous-marine. Nous dirons toutefois un mot de deux instruments fondés sur un principe complètement différent, le sondeur Thomson et le bathomètre Siemens.

Sir William Thomson, l'illustre physicien qui se nomme aujourd'hui lord Kelvin, fut jadis grand amateur de yachting. C'est un de ces esprits qui, même en se divertissant, ne sauraient rester oisifs. Pour faire diversion à ses magnifiques travaux sur l'électricité, il s'occupa des méthodes de sondage et construisit un instrument, maintenant en usage dans toutes les marines du monde, où il rend de précieux services, car s'il ne répond pas à tous les besoins, il est indispensable dans certaines circonstances fréquentes en navigation.

L'invention de sir William Thomson est double. Tout d'abord il remplaça la ligne en chanvre ou en soie par un fil d'acier ou corde à piano. Il augmentait ainsi prodigieusement la force portante, diminuait la surface et la rendait extrêmement lisse, de sorte que le frottement diminuait dans une énorme proportion.

L'invention n'est pas sans inconvénients. Les Américains en avaient eu antérieurement l'idée et l'avaient abandonnée après l'avoir expérimentée à bord du *Taney*. Le fil d'acier est sujet à se rouiller malgré toutes les précautions prises pour le protéger en le conservant dans un bain d'huile ou d'eau de chaux. Il forme facilement des coques. Or à l'endroit d'une coque, même redressée de manière à devenir invisible, la force portante est diminuée des trois quarts. Comme les appareils à retirer des échantillons de fonds, indépendamment du poids de fonte destiné à être abandonné, sont d'un prix élevé, qu'on a souvent besoin, tout en exécutant le sondage, de récolter des échantillons d'eau profonde et de suspendre plusieurs thermomètres pour prendre la température à diverses hauteurs, on n'attache pas sans émotion des instruments coûteux à un mince fil d'acier susceptible de se briser comme du verre pendant l'opération, par suite d'une imperceptible attaque de rouille ou d'une coque redressée, et encore moins facile à distinguer. C'est pourquoi un éminent océanographe auquel une longue pratique a donné une compétence particulière dans ces questions, le professeur J. Y. Buchanan, prétend que se servir d'un fil d'acier, malgré tous les avantages qu'il comporte, lorsqu'il n'est pas absolument indispensable, équivaut à un véritable acte de barbarie à l'égard des instruments. On en revient donc aujourd'hui, au moins dans certains cas, à la ligne de chanvre, avec poids suspendu de Brooke et accumulateurs suffisamment délicats.

L'autre invention de sir William Thomson consistait à faire inscrire la profondeur atteinte, d'abord par une roue métrique sur laquelle roule le fil en descendant et dont le nombre de tours est enregistré par un compteur, et en même temps par un petit appareil attaché au plomb de sonde et destiné à aller jusqu'au fond. Il n'est plus besoin de s'inquiéter de la courbure prise par le fil et qui trouble beaucoup l'évaluation de la profondeur.

L'appareil consiste en un tube cylindrique de verre, long d'environ 75 centimètres, large de 2 ou 3 millimètres, fermé à l'une de ses extrémités et ayant été préalablement rempli d'une dissolution de chromate d'argent qui, après dessiccation, laisse un enduit rouge. Le tube, son extrémité fermée tournée vers le haut, est attaché au-dessus du plomb dans un étui métallique percé de trous, afin de donner accès à l'eau. Immergé, rempli d'air, quand il est à 10 mètres de profondeur environ dans la mer, la pression exercée réduit de moitié le volume de cet air, d'après la loi de Mariotte ; l'eau monte à la moitié de la hauteur du tube et change la couleur du chromate, qui mouillé, devient jaune. A mesure que le tube descend, l'air contenu est comprimé davantage et l'eau s'y élève plus haut en décolorant le chromate. Lorsque le tube, après avoir été au fond, est remonté, il suffit de mesurer la longueur décolorée pour connaître la profondeur atteinte.

En dépit de quelques inconvénients, parmi lesquels celui de ne donner d'indications précises que pour de petites profondeurs, le sondeur Thomson est employé à bord de la plupart des bateaux à vapeur parce qu'il peut, grâce à la finesse du fil d'acier qui fend l'eau, servir sans qu'il soit nécessaire d'arrêter la marche du navire. D'ailleurs ces bâtiments ont moins besoin de mesurer des profondeurs que de s'assurer, dans des parages inconnus et par temps de brunie, que le fond n'est pas trop près de la surface, Ils cherchent à déterminer une zone de sécurité. Dans ces conditions, aucun appareil ne saurait le remplacer, et son usage, encore plus généralisé, éviterait bien des sinistres.

Un autre appareil, le bathomètre Siemens, offre le précieux avantage de n'exiger ni ligne, ni plomb ; il n'est même pas nécessaire de le mettre à l'eau. On se borne à l'installer à bord et à l'observer pour être informé de la distance du fond au-dessus duquel on se trouve. Le principe de sa construction est l'attraction exercée sur une masse de mercure contenue dans un tube très étroit, par la colonne d'eau, de densité sensiblement égale à l'unité, comprise entre le navire et le fond de la mer, continuée par la colonne terrestre, de densité à peu près cinq fois aussi forte, comprise entre ce fond et le centre du globe. La densité moyenne totale varie suivant que la colonne d'eau est plus ou moins haute et que, par suite, la colonne solide terrestre est moins longue ou plus longue ; l'effet d'attraction produit sur le mercure varie en conséquence, et sa mesure indique la profondeur de la mer.

L'instrument a été construit, expérimenté, et l'on en a dit grand bien, puis on n'en a plus parlé, ce qui semblerait faire croire qu'il offre des inconvénients ou que ses indications manquent de la précision qu'on leur avait d'abord attribuée.

Nous citerons pour mémoire la possibilité d'évaluer la profondeur moyenne d'un océan par la vitesse de translation d'ondes de tremblements de terre, se propageant à travers cet océan. Le procédé, appliqué au Pacifique, a fourni des résultats assez satisfaisants. Mais il ne s'agit, dans ce cas, que d'une évaluation approchée.

Ces diverses méthodes servent en pleine mer. Elles sont notablement simplifiées quand il s'agit de dresser des cartes hydrographiques à grande échelle, du genre de celles construites par nos ingénieurs le long des côtes et sans dépasser jamais la distance au-delà de laquelle la terre cesse d'être visible. Elles ne comportent que de faibles profondeurs, dépassant rarement 200 mètres, et même, le plus souvent, inférieures à 100 mètres. En revanche, leur but principal étant de faciliter l'atterrissage des bâtiments là où la navigation présente le plus de dangers, elles exigent une extrême précision.

Ces levés s'exécutent à bord de bâtiments à vapeur, sauf à l'intérieur des ports ou dans la région immédiatement contiguë au rivage, où ils se font en embarcation.

Après avoir pris des repères à terre, phares, sémaphores, clochers de villages, têtes de roches de forme caractéristique, et avoir reporté sur une carte ces points reliés les uns aux autres par un réseau géodésique, l'ingénieur, sur la passerelle de son bâtiment, s'avance doucement et avec une vitesse uniforme le long d'une ligne déterminée. A des intervalles de temps réguliers, il prend avec un instrument appelé cercle, et assez analogue au sextant des officiers de marine, les angles sous lesquels sont aperçus du point où il se trouve au moins trois des repères dont la position a été fixée. Au même instant, le plomb de sonde, attaché à une ligne de chanvre divisée de mètre en mètre par des chiffons de diverses couleurs, tombe du haut d'une vergue à laquelle il était suspendu, sur l'avant du navire, et descend rapidement au fond. Un homme se tenant sur une petite plate-forme située à l'arrière et au-dessus de l'eau, laisse filer la ligne dans sa main, et comme la vitesse du bateau a été réglée de telle sorte qu'au moment où le plomb touche le fond il est exactement au-dessous de l'homme tenant la ligne, celui-ci la sent s'arrêter. Il la soulève légèrement, la tend bien verticalement, observe l'affleurement, c'est-à-dire la hauteur de l'eau, et crie la mesure trouvée. Pendant ce temps, l'ingénieur a tracé sur la carte, par la construction géométrique d'au moins deux segments capables des angles qu'il a pris, la position exacte de la station et il lui attribue la cote trouvée à la sonde. Dans les pays à marée, le brassiage est corrigé et ramené, pour la France, à un niveau uniforme, qui est celui des plus basses mers.

La ligne de sonde, enroulée sur un treuil à vapeur ou électrique, est remontée à bord. Un dispositif simple et ingénieux, un petit chariot qui glisse le long d'une corde tendue entre l'homme qui sonde et la vergue du mât de misaine, prend le plomb et le ramène jusqu'à l'extrémité de cette vergue. Arrivé à pic, on le fait retomber à la mer et on obtient une nouvelle cote de profondeur dans des conditions identiques à celles de l'opération précédente, tandis que l'ingénieur établit lui aussi une nouvelle station dont la position est encore fixée à l'aide de mesures d'angles sur les repères du rivage.

En embarcation, tandis que les canotiers avancent doucement à l'aviron et que l'hydrographe prend ses angles, le sondeur, debout sur une plate-forme à l'avant de la baleinière, balance son plomb une ou deux fois pour lui donner de l'élan et l'envoie aussi loin que possible devant lui. Il laisse la ligne glisser entre ses mains pendant sa descente, la sent s'arrêter dès que le plomb a touché le fond, la tend verticalement et en crie la longueur immergée qui est aussitôt inscrite.

De quelque façon qu'on ait opéré, au large, où la position est donnée par des observations astronomiques, près de la terre ou dans son voisinage immédiat, l'espace de mer est criblé de coups de sonde, dont chacun a sa cote de profondeur. On entoure d'une courbe, sur la carte, tous ceux de même profondeur, et l'on délimite ainsi des aires ou surfaces successives dont tous les points ont des profondeurs comprises entre deux valeurs déterminées. Ces aires isobathes, limitées par les courbes isobathes, sont espacées selon les cas, de mètre en mètre, de 10 en 10 mètres, de 100 en 100 mètres et, dans les portions centrales des océans, de 500, 1 000, 2 000 mètres ou davantage. On dresse ainsi la carte bathymétrique de la région considérée donnant, comme pour les cartes terrestres dressées par courbes isohypses ou d'égale altitude, une idée très nette du relief du terrain. Enfin, pour rendre encore l'image de ce relief plus frappante, il est d'usage de passer sur les aires isobathes une teinte bleue unie, d'autant plus foncée que leur profondeur est plus grande.

L'usage de ces cartes se répand de plus en plus. Elles constituent la véritable base sur laquelle s'appuiera dans la suite toute étude d'ordre statique ou dynamique des phénomènes de la mer.

Il en existe plusieurs qui font autorité, — cartes générales, bien entendu, car les cartes de détail construites de cette façon sont innombrables. Je mentionnerai parmi elles les planisphères dressés à l'occasion de la campagne du *Challenger*, par le Dr John Murray, et qu'il a tenus au courant des découvertes récentes, la belle carte allemande de l'*Hydrographisches Amt* ; celle de l'océan du Nord, due au professeur Mohn, de Christiania, à la suite des campagnes du *Võringen* ; celles de la Méditerranée orientale et du nord de la Mer-Rouge, d'après les sondages de la frégate autrichienne *Pola*, et d'autres encore. Chaque jour ces documents se perfectionnent, et il serait à désirer que, dès à présent, on commençât en une série de feuilles séparées, une carte d'ensemble du lit océanique sur le globe entier. L'œuvre serait incomparablement plus simple, plus aisée et plus rapide à exécuter que la grande carte géographique au millionième, dont le projet a été préconisé, pour les continents, par le professeur Penck. Cependant les conclusions du savant géographe de Vienne ont fait l'objet de discussions sérieuses pendant le récent congrès international de géographie de Berlin. Il n'y a pas lieu d'entrer ici dans l'examen de ce projet de carte océanique, mais on ne saurait méconnaître l'intérêt et l'utilité d'un pareil document. Ne serait-ce que par suite de l'énorme développement du réseau télégraphique sous-marin, sous l'impulsion de nécessités d'ordre industriel ou militaire, la première moitié du siècle prochain ne s'achèvera pas sans que l'œuvre ne soit accomplie, publiquement ou secrètement, au moins en Angleterre, et elle sera terminée bien avant la carte continentale.

ISBN : 978-1986501996

www.ingramcontent.com/pod-product-compliance
Lightning Source LLC
Chambersburg PA
CBHW071001220526
45471CB00007B/3125